Die Lösung der Verdingungsfrage

Ein Weg zum Aufstieg

Von

Dr.-Ing. Richard Rothacker

Oberregierungsbaurat

Springer-Verlag Berlin Heidelberg GmbH

1921

ISBN 978-3-662-24056-4   ISBN 978-3-662-26168-2 (eBook)
DOI 10.1007/978-3-662-26168-2

Alle Rechte,
insbesondere das der Übersetzung
in fremde Sprachen, vorbehalten.

Vorwort.

Das ganze deutsche Volksleben krankt schon lange schwer an der Art und Weise, wie die öffentlichen Aufträge vergeben und erfüllt werden, d. h. am „Verdingungswesen".

Ich sehe fragende, zweifelnde, erstaunte Leser: „Werden denn nicht allein die beteiligten Gewerbestände vom Verdingungswesen betroffen?" fragen die ersten; „eine schwere Volkskrankheit kann man doch die Wirkungen eines so nebensächlichen Vorganges nicht nennen!" zweifeln die anderen; „Verdingungswesen? davon hat man doch kaum etwas gehört!" staunen die dritten. Aber ich nehme kein Wort zurück, hoffe vielmehr, durch nachstehende Ausführungen recht weite Volkskreise zu überzeugen, daß meine Behauptung weder falsch noch übertrieben ist.

Ich höre auch freudige Zustimmung: „Also hatten wir doch recht, wenn wir immer wieder die Beseitigung des Verdingungswesens forderten!" Gemach! Ich muß sie bitter enttäuschen, die so sprechen. Denn ich werde zeigen, daß sie am meisten irre gingen, weil sie dem kranken Körper die Zufuhr bester Lebenssäfte unterbunden, die Gesundung also unmöglich gemacht hätten, wenn ihre Forderung durchgedrungen wäre.

„Gesundung?" höre ich wieder zweifelnd fragen; „wenn die möglich wäre, gäb's doch längst keine Verdingungsfrage mehr; dann hätten doch die ungezählten Heilversuche der letzten 50 Jahre zum Ziele geführt und wäre es nicht immer schlimmer geworden!" Und doch ist eine Heilung möglich, und zwar eine so gründliche, daß sie nicht nur die vielbesprochenen Krankheitserscheinungen des Verdingungswesens beseitigen, sondern auch gleichzeitig eine große Zahl anderer schwerer Schäden unseres Volkskörpers zum Verschwinden bringen wird, deren Ursprung im Verdingungswesen nur wenige ahnen. Und noch weit darüber hinaus: eine Heilung, die nicht nur den bisherigen Krankheitsherd in eine kräftig sprießende Segensquelle für unser Volksleben verwandelt, sondern zugleich einen Volksschatz heben hilft, reich genug, unseren Wiederaufstieg mächtig zu fördern. Mit einem Wort:

Durch den Ausgang des Weltkrieges ist die Heilung des Verdingungswesens eine Schicksalsfrage für das deutsche Volk geworden.

Diese Erkenntnis verbreiten und die richtige Stellung zur Verdingungsfrage finden zu helfen, ist der Zweck dieser Schrift.

Münster i. W., im Mai 1921.

Der Verfasser.

Inhaltsverzeichnis.

	Seite
Einleitung	1
Erster Teil.	
Die bisherige Behandlung des Verdingungswesens durch die staatlichen Behörden	3
Zweiter Teil.	
Die Bedeutung des Verdingungswesens	12
Dritter Teil.	
Die Heilung des Verdingungswesens	17
Schluß	35

Einleitung.

Kaum war das Völkerringen beendet und das deutsche Volk auf die Rückkehr zur Friedenswirtschaft eingestellt, als auch die Verdingungsfrage neu erwachte: Schon im Frühjahr 1919 lagen der preußischen verfassunggebenden Landesversammlung wieder drei Anträge auf Neuregelung des Vergebungswesens vor, wovon der erste die Heilung schlechthin, der zweite eine Verfahrensänderung und der dritte die Aufhebung des Wettbewerbs forderte. Das zuständige Ministerium der öffentlichen Arbeiten gab damals für die Verhandlungen über die Anträge den Abgeordneten eine Denkschrift „Mittelständische Verdingungsfragen und deren Behandlung durch das Ministerium der öffentlichen Arbeiten" in die Hand, mit der offenkundigen Absicht zu zeigen, daß von seiner Seite längst alles getan war, was nach Lage der Sache überhaupt getan werden konnte, um das Verdingungswesen einwandfrei zu regeln[1]).

Die erwähnte Denkschrift, die inzwischen durch das Reichsverkehrsministerium auf den neuesten Stand gebracht und der breiten Öffentlichkeit zugänglich gemacht ist[2]), besitzt eine Bedeutung für die Beurteilung des staatlichen Verdingungswesens, die weit über den Sonderfall jener Anträge und über den Verwaltungsbereich des preußischen Ministeriums der öffentlichen Arbeiten hinausgeht. Denn dieses war seit Jahrzehnten auf dem Gebiet des Verdingungswesens auch für die übrigen Reichs- und Staatsverwaltungen Deutschlands mehr oder weniger vorbildlich und mustergebend; seine Maßnahmen können also mit einem hohen Grad von Berechtigung als die Maßnahmen der Mehrzahl aller deutschen Reichs- und Staatsverwaltungen (kurz: „Staatsverwaltungen") angesehen werden. Zudem behandelt die Denkschrift nicht nur die mittelständischen Verdingungsfragen, sondern das staatliche Vergebungswesen überhaupt. Sie bildet daher einen besonders geeigneten Ausgangspunkt für eine Betrachtung des staatlichen Verdingungswesens. Diese Betrachtung wird

---
[1]) Siehe unter E der Denkschrift.
[2]) Erschienen bei Julius Sittenfeld, Berlin W.

hier aus Zweckmäßigkeitsgründen auf das bauliche Verdingungswesen beschränkt, weil die übrigen Teile des staatlichen Verdingungswesens nicht nur geringere Bedeutung haben, sondern auch unter so verschiedenartigen und teilweise undurchsichtigen Verhältnissen abgewickelt werden, daß ihre Mitbehandlung die ohnedies schwierige Frage nutzlos verwirren würde. Die Mitbehandlung ist zudem auch gar nicht notwendig, weil an Hand der Betrachtung des baulichen Verdingungswesens die Beurteilung der übrigen Teile des staatlichen Verdingungswesens nicht mehr übermäßig schwer ist. Ähnliches gilt übrigens für das Vergebungswesen der öffentlichen Selbstverwaltungskörper, das entweder dem staatlichen Vergebungswesen getreu nachgebildet ist oder unter örtlichen, zeitlichen oder persönlichen Einflüssen so mannigfaltige Formen und Grundsätze angenommen hat, daß seine Mitbehandlung für den Zweck dieser Schrift nicht förderlich wäre.

Selbstverständlich gelten die nachstehenden Ausführungen für günstigere Ausnahmeverhältnisse mit sinngemäßer Einschränkung.

Erster Teil.
Die bisherige Behandlung des Verdingungswesens durch die staatlichen Behörden.

Wer die erwähnte Denkschrift des preußischen Ministers der öffentlichen Arbeiten nur flüchtig oder ohne gründliche Kenntnis des Verdingungswesens liest, wird mit größter Wahrscheinlichkeit den Eindruck gewinnen, daß auf seiten der Verwaltungen alles in bester Ordnung sei. Dieser Eindruck ist aber ein irriger, wie im nachstehenden dargetan werden soll. Vorweg muß jedoch ausdrücklich betont werden, daß dem Ministerium der öffentlichen Arbeiten die Absicht einer Täuschung sicher fern gelegen hat: es kann im Gegenteil gar keinem Zweifel unterliegen, daß der Verfasser der Denkschrift selbst überzeugt war, den Nachweis für die Zweckmäßigkeit und Lückenlosigkeit der von ihm zusammengestellten und beschriebenen Maßnahmen seines Ministeriums geliefert zu haben; das ist ja eben eine Grundursache für die bisherige Erfolglosigkeit aller Verbesserungsbestrebungen, daß das Verdingungswesen immer nur aus einem Gesichtspunkt betrachtet wurde, der die Wurzeln der Mißstände gar nicht sehen ließ.

Der Kundige findet kaum einen besseren Beleg für die bisherige unzulängliche Behandlung des Verdingungswesens durch die Staatsbehörden, als gerade die Denkschrift. Die Unzulänglichkeit äußert sich teils in zweckbeschränkenden Mängeln, teils in zweckhemmenden Versäumnissen. Die ersteren sollen nur gestreift werden, nicht weil sie an sich geringfügig, sondern weil sie im Verhältnis zu den letzteren unwesentlich sind.

Die zweckbeschränkenden Mängel offenbaren sich schon bei genauerer Prüfung der Denkschrift selbst; sie bestehen aus einer ganzen Reihe von Unbilligkeiten, Willkürmöglichkeiten und Widersprüchen. Und zwar handelt es sich, wie ein Vergleich der Denkschrift mit der Verdingungsordnung des preußischen Arbeitsministeriums vom 17. Juli 1885 zeigt, bezeichnenderweise nicht etwa um Unvollkommenheiten der neuen Verdingungsordnung, deren Ausmerzung noch nicht erfolgt ist, sondern im Gegenteil um Unzulänglichkeiten, die lediglich auf ein Übermaß an formalen Verbesserungsversuchen zurückzuführen sind: man wollte den Wünschen und Forderungen des Gewerbes im weitesten Maß entgegenkommen, stieß dabei aber immer wieder auf den entgegenstehenden Verwaltungszweck und wußte den Ausgleich nicht anders zu schaffen, als durch Ausnahmebestimmungen oder Einschränkungen; oder man sah sich durch Erfahrungen bei der Durchführung des Verdingungswesens veranlaßt, den Verwaltungszweck stärker zu sichern.

So ist es unbillig, dem Unternehmer, wie unter II, 1 (5) der „Allgemeinen Bestimmungen"[1]), das Wagnis für Umstände aufzuerlegen, auf die er keinen Einfluß hat. Ferner ist es unbillig, von den Bietern zu verlangen, daß sie nicht nur Zeichnungen, sondern auch umfangreiche Verdingungsanschläge und Bedingungen, deren genaue Kenntnis für die Preisberechnung ausschlaggebend ist, im Geschäftszimmer irgend einer Dienststelle einsehen[2]). Denn wenn die Einsichtnahme wirklich gründlich geschehen soll, sind dazu unter Umständen Tage ungestörter Arbeit erforderlich. Dazu ist aber in den Auslegestellen meist gar nicht die Möglichkeit: abgesehen davon, daß es dort an geeigneten freien Arbeitsplätzen und an der nötigen Ruhe fehlt, ist die Einsichtnahme auch zeitlich beschränkt, weil bestimmte Stunden einzuhalten sind und weil sich häufig zur gleichen Zeit mehrere Bietungslustige zu demselben Zweck einfinden.

An Willkürmöglichkeiten enthält die Denkschrift eine reiche Zahl: es möge nur auf die Bestimmungen über die Zuziehung von Sachverständigen, über die Zerlegung der Ausschreibungen, über die Beurteilung der Annehmbarkeit der Angebote, über die Bemessung der Fristen und über die Anwendung des Verfahrens der freihändigen Vergebung hingewiesen werden, die sämtlich mit Beschränkungen von der Art, wie „soweit als tunlich", „soweit zweckmäßig und geboten", „gegebenenfalls", „es wird empfohlen", „annehmbar" usw. so gespickt sind, daß ihre Anwendung so gut wie völlig in das Belieben der Beamten gestellt wäre, wenn nicht die Willkür, aber im entgegengesetzten Sinne der genannten Bestimmungen, durch Umstände beschränkt würde, wie sie weiter unten geschildert werden.

---

[1]) Anlage 1 der Denkschrift. — [2]) Unteranlage 1, § 2 der Denkschrift.

Was die Widersprüche anbelangt, so sind bei der bisherigen Behandlung des Verdingungswesens durch die Staatsverwaltungen solche zwischen den einzelnen Teilen der Denkschrift selbst und solche mit anderen Verwaltungsvorschriften oder dem ganzen Verwaltungsgeist zu unterscheiden. Die letzteren greifen schon in die Gruppe der zweckhemmenden Versäumnisse hinüber und sind dort zu behandeln. Das bezeichendste Beispiel für die Widersprüche zwischen den einzelnen Teilen der Denkschrift selbst geben die Bestimmungen über die freihändige Vergebung: während in der Verdingungsordnung, d. h. unter I (3) der „Allgemeinen Bestimmungen"[1]), die Fälle scharf abgegrenzt sind, in denen die Vergebung unter Ausschluß jeder Ausschreibung erfolgen darf, wird in den Erlassen vom 15. März und 8. Juli 1919[2]) die Anwendung der freihändigen Vergebung handwerksmäßiger Arbeiten „in weitestem Maß", d. h. in einem Umfang empfohlen, der lediglich von dem Ermessen der zuständigen Beamten in den Orts- und Aufsichtsbehörden abhängig ist. Die genannten Erlasse können also je nach der Auffassung jener Beamten dazu führen, die eigentliche Verdingung, d. h. die Vergebung auf Grund eines schriftlichen Wettbewerbs[3]), überhaupt auszuschalten, bedeuten daher schlechthin eine Bankrotterklärung der Verdingungsordnung, die mit dem Satz beginnt: „Leistungen und Lieferungen sind in der Regel öffentlich auszuschreiben."

Unendlich viel wichtiger als die geschilderten Mängel sind die zweckhemmenden Versäumnisse bei der bisherigen Behandlung des Verdingungswesens durch die staatlichen Verwaltungen. Hier ist zunächst auf die Widersprüche zwischen den Vorschriften für das Verdingungswesen einerseits und sonstigen Verwaltungsbestimmungen andrerseits hinzuweisen, deren Beseitigung oder Ausgleichung versäumt worden ist. Insbesondere kommen die Bestimmungen über die Verantwortlichkeit der Beamten in Betracht, die es mit sich bringen, daß ein Beamter, der den üblichen fiskalischen Anschauungen zuwiderhandelt, persönlich haftbar gemacht zu werden pflegt. Den üblichen Anschauungen entspricht es aber, die Preiswürdigkeit eines Angebots einseitig in der Preisstellung zu suchen, so daß ein Beamter, der sich tatsächlich die Mühe gibt, das annehmbarste Angebot im Sinne der Verdingungsordnung zu ermitteln, damit rechnen muß, bei seinen Vorgesetzten eine andere Auffassung zu finden und im Falle der selbständigen Zuschlagserteilung vermögens-

---

[1]) Anlage 1 der Denkschrift. — [2]) Anlagen 6 und 7 der Denkschrift. — [3]) Siehe Seite 12.

rechtlich in Anspruch genommen zu werden, wenn seine Wahl auf ein anderes als das niedrigste Angebot gefallen ist. Hält man sich dazu noch vor Augen, daß der Rechnungshof des Deutschen Reiches und die Oberrechnungskammern in Ermangelung eigener sachverständiger Beamten die Überprüfung von Baurechnungen lediglich nach formal-bureaukratischen Gesichtspunkten vornehmen können, so wird man kaum noch bezweifeln, daß die Verpflichtung zur eingehenden aktenmäßigen Begründung jeder Zuschlagserteilung an Nichtmindestfordernde[1]) auf den Durchschnittsbeamten nicht anders wirken kann, denn als eindringliche Warnung, trotz des gegenteiligen Wortlauts der Verdingungsordnung[2]) ja keinem anderen Bieter den Zuschlag zu erteilen, als dem Mindestfordernden.

Aber auch die eben geschilderte Unzulänglichkeit verschwindet gegenüber der Tatsache, daß schlechthin versäumt worden ist, die Vorbedingungen für die Durchführbarkeit der Verdingungsordnung zu schaffen: tatsächlich fehlten bisher so gut wie alle sachlichen Voraussetzungen für die Erfüllung gerade der wichtigsten Vorschriften der Verdingungsordnung, d. h. der Vorschriften, welche lückenlose und eindeutige Verdingungsunterlagen[3]) und die Sicherung einer streng vertragsmäßigen Leistung[4]) fordern. In diesem Versäumnis liegt die Hauptquelle der Mißstände des Verdingungswesens. Hierauf wird im „Dritten Teil" eingehend zurückzukommen sein.

Wie verfehlt es wäre, die Schuld an dem grundlegenden Versäumnis der bisherigen Behandlung des Verdingungswesens bei einzelnen Personen zu suchen, zeigt deutlich die Tatsache der jahrzehntelangen Nichterkennung des Versäumnisses. Die Erklärung für dieses ist lediglich in Zusammenhängen zu finden, die sehr schwer zu durchschauen waren, die aber unbedingt klargelegt werden müssen, wenn man überhaupt zu einer Heilung des Verdingungswesens kommen will. Hierzu führt nur ein einziger Weg: die planvolle und sorgfältige Beobachtung der einzelnen Vorgänge bei der Durchführung des Verdingungswesens und die genaue Verfolgung der unmittelbaren und mittelbaren Wirkungen jener Vorgänge; mit anderen Worten: eine wissenschaftliche Er-

---

[1]) Anlage 1, IV, 9 der Denkschrift. — [2]) Anlage 1, II, 8 der Denkschrift. — [3]) Anlage 1, II, 1 und Anlage 2, II der Denkschrift. — [4]) Anlage 2, XI und XII der Denkschrift.

forschung des Verdingungswesens. Diesen Weg hat bereits in den achtziger Jahren des vergangenen Jahrhunderts Professor Dr. F. C. Huber beschritten[1]). Trotz ungeheuren Fleißes und zähester Beharrlichkeit[2]) konnte er aber nicht zum Ziele gelangen, weil ihm das eigene Erleben bei Durchführung des Verdingungswesens im Verwaltungsbetrieb fehlte, das allein zu einer genauen Kenntnis der einzelnen Vorgänge und einer richtigen Beurteilung ihres Zusammenhanges mit den Auswüchsen des Verdingungswesens führen kann. An derselben Klippe scheiterten auch die sonstigen, übrigens sehr spärlichen und weniger bedeutsamen, gleichgerichteten Versuche von Volkswirten und Gewerbevertretern. In den Verwaltungen selbst fehlten Antrieb wie Kräfte zu einer wissenschaftlichen Erforschung des Verdingungswesens, weil die Beamten, welche die Verdingungsordnungen verfaßten, von denjenigen, die sie auszuführen hatten, durch tiefgehende Unterschiede der Denk- und Arbeitsweise getrennt waren und weil den ersteren ebenfalls das persönliche Erleben bei der Durchführung des Verdingungswesens, den letzteren Bewegungsfreiheit und Hilfsmittel zu seiner sachgemäßen Behandlung, beiden aber das richtige Verständnis für seine Bedeutung fehlten.

Wie bekannt, sind die öffentlichen Verwaltungen Deutschlands in den entscheidenden Stellen fast ausschließlich mit juristisch vorgebildeten Beamten besetzt. Der Vorbildung und Arbeitsweise dieser Beamten entsprechend ist der ganze Verwaltungsgeist vorwiegend auf eine formalgeschäftsmäßige Erledigung aller Aufgaben gerichtet. So war es nicht zu verwundern, daß das Verdingungswesen seitens der Verwaltungen von vornherein als eine formal-rechtliche Angelegenheit aufgefaßt und deshalb im Ministerium der öffentlichen Arbeiten einem juristisch vorgebildeten Referenten anvertraut wurde. Diesem fehlten aber eigene Erfahrungen im Verdingungswesen völlig. Er konnte daher von sich aus gar nicht erkennen, wo etwa Klippen für die Durchführung der Verdingungsordnung lagen und mußte der Überzeugung leben, mit einer formal sorgfältigen Bearbeitung der Vorschriften und mit der tunlichsten Berücksichtigung der von außen kommenden Anregungen tatsächlich alles getan zu haben, was nach Lage der Verhältnisse überhaupt getan werden konnte. Aus den Dienststellen, denen die Durchführung des Verdingungswesens anvertraut war, konnte aber von vornherein kein Übermaß

---

[1]) Huber, Das Submissionswesen, Tübingen 1885. — [2]) Huber, Submissionswesen, im Handwörterbuch der Staatswissenschaften, 1911, Bd. 7, S. 1032 ff.

von Anregungen erwartet werden. Denn die formal-rechtlichen, durch die häufigen Ergänzungen und Änderungen immer unübersichtlicher, unklarer und — unwahrer werdenden Bestimmungen der Verdingungsordnung gaben bei ihrem Mangel an festen Richtpunkten und an zwingender Überzeugungskraft dem technisch gebildeten, d. h. auf zielstrebige Sachbehandlung eingestellten leitenden Beamten jener Stellen etwas Wesensfremdes, das ihn nicht nur verhinderte, eine höhere Auffassung vom Verdingungswesen zu gewinnen, als sie im Schoß des Ministeriums bestand, sondern sogar in vielen Fällen verleitete, das Verdingungswesen als eine lästige Nebenaufgabe zu betrachten und in der Hauptsache durch seine Untergebenen bearbeiten zu lassen. Die Folge davon war ein nahezu völliger Mangel an zielbewußter kritischer Beobachtung der einzelnen Vorgänge bei der Durchführung des Verdingungswesens und damit die Unmöglichkeit, die Wurzeln der offenkundigen Mißstände zu erkennen. Blieben diese Wurzeln aber den zuständigen Stellen verborgen, wie hätten sie außenstehenden Volkskreisen offen liegen können?

Bei dieser Sachlage standen im Grunde genommen die Verwaltungen wie die Gewerbestände den Auswüchsen des Verdingungswesens gleich ratlos gegenüber. Die Gewerbestände unternahmen allerdings unter dem unmittelbaren Druck der schädigenden Wirkungen jener Auswüchse ungezählte Vorstöße dagegen, die aber sämtlich fehlschlagen mußten, weil sie nur auf die Begleiterscheinungen der Krankheit gerichtet waren und den Krankheitsherd fortbestehen ließen. Die Verwaltungen jedoch blieben darauf beschränkt, die Forderungen der Gewerbestände möglichst weitgehend in die Verdingungsordnungen hineinzuarbeiten. Als sich dann immer deutlicher zeigte, daß alle Bemühungen der Gewerbestände und alles Entgegenkommen der Verwaltungen keine Heilung bringen konnten, suchte man nach wirtschafts-philosophischen oder psychologischen Erklärungen: man glaubte die Ursache der beklagten Mißstände in der Gewerbefreiheit und im Überhandnehmen der kapitalistischen Betriebsform erblicken zu müssen oder aber man kam zu dem bequemeren Schluß, daß die Klagen über das Verdingungswesen lediglich der Ausdruck des begreiflichen Mißmuts derer seien, die im Wettbewerb den kürzeren gezogen hätten. Derartige Erklärungen zeitigten in Verwaltungskreisen die fatalistische Auffassung, daß die Mängel des Verdingungswesens ein notwendiges Übel seien, in den Gewerbeständen dagegen die immer wiederkehrende Forderung, das Wettbewerbsverfahren der Verdingung einfach wieder abzuschaffen. Alles dies wirkte zusammen, in die Behandlung des Verdingungswesens eine trostlose Verwirrung und völlige Unfruchtbarkeit hineinzutragen und den Verdingungsordnungen immer mehr die überzeugende Kraft eines einheitlichen leitenden Gedankens zu nehmen.

Aber auch damit sind die Zusammenhänge noch nicht vollständig erklärt, die zu dem obengenannten Versäumnis und damit zu den Auswüchsen des Verdingungswesens geführt haben; um sie richtig begreifen zu können, muß man vielmehr den Wirkungen des herrschenden Verwaltungsgeistes noch weiter nachgehen. Dieser ist, wie gesagt, vorwiegend auf eine formal-geschäftsmäßige Behandlung aller Aufgaben gerichtet: nicht darauf kommt es in erster Linie an, wie eine Aufgabe sachlich die denkbar beste Lösung erfährt, sondern darauf, daß die Erledigung möglichst glatt und reibungslos erfolgt. Auch dabei handelt es sich natürlich nicht etwa um eine bewußte und beabsichtigte Täuschung der Allgemeinheit durch die Verwaltungen, sondern um eine Auffassung, die eben der ganzen Denk- und Arbeitsweise der maßgebenden juristisch vorgebildeten Persönlichkeiten entspricht und deshalb gutgläubig für die einzig richtige angesehen wird. Es soll dahingestellt bleiben, inwieweit diese Auffassung für reine Verwaltungsangelegenheiten berechtigt und vorteilhaft ist; auf die Behandlung technischer und technisch-wirtschaftlicher Fragen wirkt sie unter allen Umständen im höchsten Grad unheilvoll. Denn technische und technisch-wirtschaftliche Aufgaben können schlechterdings nur bei rein sachlicher Behandlung richtig und gut gelöst werden. Der herrschende Verwaltungsgeist birgt aber die Gefahr in sich, daß auch die leitenden Baubeamten in ihrer Abhängigkeit von den juristischen Vorgesetzten deren Denk- und Arbeitsweise annehmen, also dem rein sachlichen technischen Denken und Arbeiten mehr oder weniger entfremdet werden. Diese Gefahr ist doppelt groß, weil die Abhängigkeit eine sachlich richtige Auswahl, Erziehung und Stellung der Baubeamten erschwert, wenn nicht unmöglich macht. Denn sie führt dazu, daß die Baubeamten für die höheren Stellen nur noch von juristisch vorgebildeten Vorgesetzten oder auf deren Vorschlag ausgewählt werden. Diese Vorgesetzten können aber in Ermangelung technischer Fachkenntnisse nur nach äußerlichen Gesichtspunkten urteilen. Infolgedessen werden sie naturgemäß in der Regel solche Baubeamten für die geeignetsten halten, die tunlichst viel von ihrem eigenen, dem formal-juristischen Verwaltungsgeist in sich aufgenommen haben, d. h. als Techniker weitgehend verbildet sind. Von den Erwählten wird dann aber die Auswahl und Erziehung der jüngeren Baubeamten maßgebend beeinflußt. So muß die Abhängigkeit vom juristisch vorgebildeten Verwaltungsbeamten eine starke Verbildung des technischen Beamtenkörpers bewirken, die doppelt verhängnisvoll ist, weil sie den beamteten Techniker nicht nur in seiner sachlichen Leistungsfähigkeit beeinträchtigt, sondern auch in seiner Dienstauffassung unsicher macht. Denn da er schon durch seine technischen Sonderaufgaben verhindert wird, das sachlich-technische Denken und Arbeiten ganz über Bord zu werfen, muß er andauernd zwischen zwei gänzlich entgegengesetzten Polen hin- und herschwanken, wenn er sich dem herrschenden Verwaltungsgeist anpassen will. Zu dieser Anpassung werden aber auch fähige Köpfe getrieben in der Erkenntnis, daß eine besonders hervorstechende sachliche Eignung geradezu zum Hemmschuh für den technischen Beamten werden kann. Wer daher nicht über ein hohes Maß von Einsicht, Überzeugungstreue und Allgemeinsinn verfügt, wird früher oder später ein Zwittergebilde zwischen einem richtigen Techniker und einem Verwaltungsjuristen werden, das sein Fortkommen nicht mehr in erster Linie mit Hilfe tüchtiger Fachleistungen, sondern hauptsächlich durch peinliche Berücksichtigung der Eigenart seiner Vorgesetzten, durch vorteilhafte persönliche Beziehungen und äußerlich glatte Dienstführung sucht, und dem besonders auf den Grenzgebieten des rein technischen Schaffens, vor allem also in technisch-wirtschaftlichen Fragen, feste Grundsätze fehlen.

Es kann natürlich nicht ausbleiben, daß die erwähnte Verbildung des technischen Beamten immer wieder in mangelhaften Leistungen, namentlich auf technisch-wirtschaftlichem Gebiet, in Erscheinung tritt. Und nun beginnt ein Satyrspiel: diese natürliche Folge ihres eigenen Einflusses auf die Baubeamten wird von den Verwaltungsjuristen in völliger Verkennung von Ursache und Wirkung und ohne jede Rücksicht auf den Unterschied zwischen juristischem und technischem Denken und Arbeiten als ein Beweis für die ungenügende Eignung des Technikers zur selbständigen Verwaltungstätigkeit ausgelegt und dazu benutzt, den Baubeamten immer mehr in Fesseln zu schlagen, die ihn an einer rein sachlichen und allein erfolgversprechenden Behandlung technischer und technisch-wirtschaftlicher Aufgaben hindern.

Alles dies führte notwendigerweise zu einer gänzlich verfehlten Stellung und Verwendung des Technikers in der Verwaltung. Denn abgesehen davon, daß man ihm grundsätzlich die Entscheidungsbefugnis auch in rein technischen und technisch-wirtschaftlichen Fragen streitig machte, belastete man den höheren technischen Beamten in erklärlicher Verständnislosigkeit für die Schwierigkeit und Wichtigkeit technischer Aufgaben und in Unkenntnis der weiten Grenzen technischer und technisch-wirtschaftlicher Beziehungen in einem Grad mit einseitig konstruktiven und baukünstlerischen Arbeiten oder mit untergeordneten Verwaltungsgeschäften und versagte ihm dazu in einem Umfang die erforderlichen Hilfskräfte und Hilfsmittel, daß es selbst dem fähigsten und willigsten Baubeamten einfach unmöglich gemacht war, sich auch auf technisch-wirtschaftlichem Gebiet so zu betätigen, wie es zur Hervorbringung sachlich einwandfreier Verwaltungsleistungen unerläßlich und für das Allgemeinwohl am vorteilhaftesten gewesen wäre.

Hier liegt die letzte Ursache dafür, daß das Verdingungswesen ein halbes Jahrhundert lang Tausende von selbständigen Gewerbetreibenden dem Verderben überliefern, zu einer ungeheuerlichen Vergeudung der öffentlichen Gelder führen und die verhängnisvollste Wirkung auf die Volksmoral ausüben konnte. Denn wäre der reine Sachgeist des Technikers nicht gewaltsam gelähmt oder erstickt worden, so hätte der Krankheitsherd nicht lange unentdeckt bleiben können; und vor allem wäre die unheilvolle Entfremdung zwischen den Baubeamten und den Gewerbetreibenden verhütet worden, die noch im besonderen Maße dazu beitrug, den Mißständen ein recht langes Leben zu sichern.

Zweiter Teil.
Die Bedeutung des Verdingungswesens.

Über die Bedeutung des Verdingungswesens herrschen leider auch in den unmittelbar beteiligten Kreisen keine richtigen und lückenlosen Vorstellungen. Außerhalb dieser Kreise stößt man selbst bei den gebildeten Ständen vielfach auf eine weitgehende Ahnungslosigkeit. Sogar die Wirtschaftswissenschaft kennt nicht viel mehr als den Namen und einige äußeren Begleiterscheinungen des Verdingungswesens und hat sich bisher so gut wie gar nicht planvoll damit beschäftigt. Und doch handelt es sich um ein wirtschaftliches Gebiet von ungeheurer Bedeutung, von dem man ohne Übertreibung sagen kann, daß es nicht nur die Lebensbedingungen und die Zukunft eines großen und wichtigen Teils unseres werktätigen Volkes entscheidend beeinflußt, sondern auch den Schlüssel zur Erkenntnis einer ganzen Reihe übelständiger Erscheinungen unseres Verwaltungs- und Wirtschaftslebens liefert, die schon vieles vergebliche Kopfzerbrechen verursacht haben.

Der Name „Verdingungswesen" gibt keine ausreichende Begriffsbestimmung, aber immerhin wichtige Anhaltspunkte: „Verdingung" ist der deutsche Ausdruck für das früher gebrauchte Fremdwort „Submission" und bedeutet demnach „Unterwerfung" unter bestimmte Verfahrensregeln; und zwar lehrt uns die Geschichte des Verdingungswesens, daß dies die Regeln der Auftragserteilung auf Grund eines schriftlichen Wettbewerbs zwischen den Bietern sind. Danach ist also die freihändige Vergebung keine Verdingung, sondern das Gegenteil davon. Die Verdingungsordnungen umfassen aber auch die freihändige Vergebung, wenn auch lediglich als Ausnahmefall. Hieraus ergibt sich, daß der Begriff „Verdingungswesen" nicht nur die Regeln und die Ausführung der Vergebung im Verdingungsverfahren deckt, sondern darüber hinausgeht. Und tatsächlich versteht man unter Verdingungswesen wohl im allgemeinen das Vergebungswesen in allen seinen Formen. Daß es in diesem Sinne auch bisher von den Staatsbehörden aufgefaßt worden ist, zeigt die mehrerwähnte Denkschrift des preußischen Ministeriums der öffentlichen Arbeiten. Hierbei hat man aber aus den geschilderten Gründen nur die einzelnen Fäden ins Auge gefaßt, die durch den Rechtsakt der Vergebung zwischen den auftragerteilenden Stellen und einzelnen Gewerbetreibenden geknüpft werden, und hat kurzsichtigerweise außer acht gelassen, daß alle diese Fäden ein immer dichter werdendes Netz bilden, von dem die Gesamtheit des behördlichen und wirtschaftlichen Lebens umstrickt wird. **Nur wenn man das Verdingungswesen als die Summe der Beziehungen zwischen den Verwaltungen und den Gewerbeständen auffaßt und die Auswirkung dieser Beziehungen auf das gesamte Volksleben berücksichtigt, kann man das richtige Verständnis für das Verdingungswesen gewinnen und die Fehler der bisherigen Behandlung vermeiden.**

Es würde zu weit führen, die genannten Beziehungen bis ins einzelne zu verfolgen. Nur ihre hauptsächlichsten Gruppen mögen angedeutet werden:

Auf die beteiligten Gewerbestände übt das Verdingungswesen einen so ungeheuren Einfluß aus, daß seine Heilung und Gesunderhaltung als eine der wichtigsten Lebens- und Zukunftsfragen jener Stände angesehen werden muß.

Am offenkundigsten ist die Bedeutung des Verdingungswesens für die wirtschaftliche Lage der Gewerbetreibenden: da die öffentlichen Aufträge ein sehr beträchtliches, ja für viele Gewerbetreibenden fast das einzige berufliche Betätigungsfeld bilden, steht und fällt die wirtschaftliche Sicherheit dieser Gewerbetreibenden mit der Frage, ob im Verdingungswesen für eine tüchtige fachmännische Leistung ein angemessener Preis bezahlt wird oder nicht. Ja auch für solche Geschäftsleute, die nicht überwiegend an öffentlichen Aufträgen beteiligt sind, ist das staatliche Verdingungswesen von größter wirtschaftlicher Tragweite, weil das Gebaren und die Grundsätze der Behörden von jeher die Auffassung und Übung im nichtamtlichen Geschäftsverkehr sehr stark beeinflußt haben.

Wird nun im Verdingungswesen die tüchtige Leistung nicht angemessen entlohnt, so ist die nächste Folge, daß die Fachleistungen sinken und die besten Regeln der Fachkunst mehr und mehr in Vergessenheit geraten, zumal es bei ungenügenden Preisen an ausreichender Gelegenheit zur Erziehung des Nachwuchses durch Beteiligung an meistermäßigen Erzeugnissen fehlt.

Aber auch die gute Berufssitte kommt durch unzureichende Preise ins Wanken, weil der Gewerbetreibende angesichts der ständigen Gefährdung seiner wirtschaftlichen Lage nicht immer der Versuchung widerstehen kann, gelegentlich auch zu unlauteren Mitteln zu greifen, um sich und seine Angehörigen über Wasser zu halten.

Im Verwaltungsleben übt das Verdingungswesen einen ausschlaggebenden Einfluß auf die Verwaltungausgaben, auf den Dienstbetrieb und auf den Beamtenkörper aus. Daneben gibt es aber auch schätzbare Fingerzeige für erforderliche Eingriffe organisatorischer Art.

Bei den ungeheuren Kosten der öffentlichen Aufträge ist es natürlich durchaus nicht gleichgültig, nach welchen Grundsätzen die Vergebung erfolgt und die Leistung bewirkt wird; der Geldbedarf der technischen und technisch-wirtschaftlichen Verwaltungen ist vielmehr unmittelbar davon abhängig. Leider mußte bereits darauf hingewiesen werden, daß die sachgemäße Durchführung des Verdingungswesens durch die übliche fiskalische Anschauung von Preiswürdigkeit im höchsten Grade erschwert wird: die alte Erfahrungstatsache, daß eine Ware mit auffallend niedrigem Preis für den Käufer in der Regel besonders teuer zu stehen kommt, ist dem herrschenden Verwaltungsgeist ziemlich fremd geblieben. Dies spricht nicht für die bestmögliche Verwendung der öffentlichen Gelder und läßt die einschneidendsten Maßnahmen zur Wandlung des Verwaltungsgeistes dringend erforderlich erscheinen.

Der Dienstbetrieb ist im hohen Maße abhängig von den näheren Umständen, unter denen sich die Beziehungen zwischen den Verwaltungen und den Gewerbeständen abwickeln. Deshalb könnte man sogar an eine Entgleisung des herrschenden Verwaltungsgeistes denken, wenn er im Verdingungswesen die ständigen Anträge und Klagen der Gewerbestände bereits ein halbes Jahrhundert lang durchschleppt. Aber das weitgehende, bis zu krassen Widersprüchen gesteigerte Entgegenkommen der Verwaltungen auf jene Anträge und Klagen zeigt deutlich, daß es auch hier nicht am guten Willen zur Beseitigung der äußeren Schwierigkeiten gefehlt hat, sondern lediglich an der Fähigkeit, ihnen beizukommen.

Für die Dienstauffassung und das berufssittliche Gebaren des Beamtenkörpers gibt es keinen besseren Prüfstein als das Verdingungswesen: gerade hier lauern die meisten und größten Gefahren für die Lauterkeit und Pflichttreue, Wahrheits- und Gerechtigkeitsliebe des Beamten. Die Verwaltungen haben daher allen

Die Bedeutung des Verdingungswesens.

Anlaß, ein Verdingungswesen zu wünschen, das ihnen einen hochstehenden Beamtenstand schaffen und sichern hilft.

Die bisher angedeuteten Wirkungen des Verdingungswesens sind in den unmittelbar beteiligten Gewerbeständen schon viel erörtert worden, in den beteiligten Verwaltungen nicht ganz unbekannt geblieben. Dagegen ist nur selten ein richtiges Verständnis dafür anzutreffen, daß das Verdingungswesen einen mehr oder weniger tiefgreifenden Einfluß auf die Wirtschaft, den Kulturstand, den sozialen Frieden und die Verkehrssitte des ganzen Volkes ausübt.

Die wirtschaftlichen Wirkungen äußern sich unmittelbar oder mittelbar: unmittelbar wird jeder Steuerzahler getroffen, wenn die Verwaltung der öffentlichen Gelder nicht die denkbar beste ist, aber auch jeder Arbeiter und jeder Gläubiger, dessen Brotherr oder Schuldner durch Mißstände des Verdingungswesens zahlungsunfähig wird; mittelbar beeinflussen die Preisbildungsregeln im Verdingungswesen das Einkommen und die Lebenshaltung ungezählter anscheinend unbeteiligter Privatwirtschaften, weil das Verdingungswesen einen erheblichen Teil der gesamten Gütererzeugung und Güterbewegung der Volkswirtschaft beherrscht und deshalb auch für die Preisbildung im übrigen Verkehr bedeutungsvoll wird.

Auf den Kulturstand wirkt das Verdingungswesen unmittelbar, weil es die fachlichen Leistungen der Gewerbestände ausschlaggebend bestimmt und dadurch einen maßgebenden Einfluß auf Geschmack und Bedürfnisse des ganzen Volkes ausübt; mittelbar bedeutsam ist das Verdingungswesen für die Kultur, weil diese mit der wirtschaftlichen Sicherheit und der Lebenshaltung der Staatsbürger steigt oder sinkt.

Der soziale Frieden ist wesentlich davon abhängig, ob der Gewerbetreibende durch eine angemessene Bezahlung seiner Erzeugnisse zur ausreichenden Entlohnung seiner Arbeiter und Angestellten befähigt wird oder nicht und ob die allgemeine Verkehrssitte im Wirtschaftsleben mehr auf die Befriedigung selbstischer Triebe oder auf den Gedanken der völkischen Gemeinschaft eingestellt ist.

Die Verkehrssitte im gesamten Geschäftsleben endlich steht in hohem Grade unter dem Einfluß des Beispiels der öffentlichen Verwaltungen: herrschen im Verdingungswesen der letzteren Treu und Glauben und der Grundsatz der angemessenen Bezahlung, so kann es nicht ausbleiben, daß auch im privaten Wirtschaftsleben bei Verkäufern wie

Käufern übertriebene Selbstsucht und Rücksichtslosigkeit einer höheren Auffassung Platz machen.

Ganz besonders wichtig ist ein gesundes Verdingungswesen für den Wiederaufbau unseres zusammengebrochenen Wirtschaftslebens: nur wenn alle verfügbaren Kräfte und Erfahrungen zu dem einheitlichen Zweck planvoll zusammengefaßt werden, in höchstmöglicher Steigerung technischer Leistungsfähigkeit unsere Armut an Rohstoffen und Hilfsmitteln durch deren denkbar wirtschaftlichste Ausnutzung tunlichst auszugleichen, und wenn neue Erschütterungen unseres Volkslebens in fürsorglichster Weise verhütet werden, dürfen wir hoffen, in absehbarer Zeit aus dem Elend herauszukommen.

Wer den Einfluß des Verdingungswesens auf unser gesamtes Wirtschaftsleben richtig begriffen hat, wird über die Wichtigkeit und Dringlichkeit der Heilung nicht mehr im Zweifel sein können und mit allen Mitteln gegen die Auffassung ankämpfen, daß man die Heilungsversuche zurückstellen müsse, bis die wirtschaftliche Lage wieder geklärt und die öffentlichen Finanzen wieder geordnet seien. Eine solche Auffassung, der man besonders häufig in Verwaltungskreisen begegnet, zeugt von einer Kurzsichtigkeit und einer Verständnislosigkeit für unsere gesamte Lage und für den Einfluß des Verdingungswesens auf das Wirtschaftsleben, die doppelt erschreckend sind, weil das Verdingungswesen in der nächsten Zukunft eine Bedeutung erlangen muß, welche die bisherige turmhoch überragt. Denn abgesehen davon, daß gerade im Hinblick auf unsere Geldnot die bestmögliche Verwendung der verfügbaren Mittel heute und morgen mehr denn je erforderlich ist, sind wir nach einer nahezu siebenjährigen Kriegs- und Umwälzungszeit mit ihrer ungeheuren Wertevernichtung und Untererzeugung dem Augenblick nahe gekommen, in dem die Wucht des Bedarfs an den notwendigsten Lebensgütern alle Dämme einreißen und gewaltsam Befriedigung fordern wird. Sind wir für diesen Augenblick nicht gerüstet, fehlen also die Kanäle, in denen sich die Hochflut des Bedarfs kräfteschaffend verlaufen kann, so wird diese Hochflut nicht dem Wiederaufbau dienen, sondern nur neues namenloses Unglück bringen.

Dritter Teil.
Die Heilung des Verdingungswesens.

Zunächst muß ein kurzer zusammenfassender Blick auf die Mängel geworfen werden, die dem bisherigen Verdingungswesen anhaften: wie bereits mehrfach angedeutet, sind diese Mängel lediglich die Begleiterscheinungen einer Krankheit, deren Herd ein halbes Jahrhundert lang verborgen blieb; aber ohne genaue Kenntnis der Wirkungen könnten die Schwere der Krankheit und die Wichtigkeit und Dringlichkeit der Heilung unterschätzt werden.

Dem Gewerbeleben hat das bisherige Verdingungswesen tiefe Wunden geschlagen: Schleuderwettbewerb, Pfuscharbeit und unlauteres Geschäftsgebaren haben unter seiner Herrschaft die Grundsätze der berufsständischen Preislehre, die Regeln bester Fachkunst und die Übung von Treu und Glauben überwuchert, die wirtschaftliche Lage vieler selbständiger Betriebe gefährdet und die Gewerbestände in der Heranziehung eines tüchtigen Nachwuchses behindert.

Den Verwaltungen hat die bisherige Behandlung des Verdingungswesens die wahrhaft wirtschaftliche und sparsame Verwendung der öffentlichen Gelder, die umsichtige und fürsorgliche Förderung der Volkswirtschaft, die Erfüllung der sozialpolitischen Staatspflichten sowie die Schaffung und Erhaltung eines dienstfreudigen, pflichtbewußten und leistungsfähigen Beamtenkörpers erheblich erschwert und durch reichliche Vergeudung von Kraft und Zeit bedeutende Diensthemmungen und Leistungsminderungen gebracht.

Für die Allgemeinheit hat das Verdingungswesen der letzten 50 Jahre viele vermeidbare Steuerlasten, erhebliche Schmälerungen der Lebenshaltung, mancherlei Hemmungen des Kulturstandes, zahlreiche soziale Kämpfe und eine wesentliche Verschlechterung der wirtschaftlichen Moral im Gefolge gehabt.

Wie bereits im „Ersten Teil" betont, konnte nur eine genaue Beobachtung der einzelnen Vorgänge bei der Durchführung des Verdingungswesens zur Erkenntnis der Mängelquellen führen. Auf der Seite der Gewerbestände hatten zwar kraftvolle Selbsthilfebestrebungen, namentlich der baufachlichen Gewerbestände in Rheinland und Westfalen, zu einer gründlichen Selbstprüfung und offenen Klarlegung des Gebarens der Gewerbetreibenden bei Beteiligung am Verdingungswesen geführt. Solange aber nicht das Ergebnis einer gleichen Selbstprüfung auf der Seite der Verwaltungen vorlag, hätte das Vorgehen der Gewerbestände nur dann eine wesentliche Verbesserung des Verdingungswesens bewirken können, wenn die Wurzeln der Übelstände ausschließlich oder doch überwiegend bei den Gewerbeständen gelegen hätten. Die Mißerfolge, welche der rheinisch-westfälische Tischlerinnungsverband mit seinen jahrelangen umfassenden und zielbewußten Bestrebungen zur Verbesserung des Verdingungswesens trotz seiner aufs Vollkommenste ausgestatteten Einrichtungen erleben mußte, zeigte aber deutlich, daß jene Voraussetzung nicht zutraf, daß vielmehr ein großer, ja der ausschlaggebende Teil des Krankheitsherds bei den Behörden zu suchen war.

Die Tatsache, daß die örtlichen Prüfungen der Handhabung des Verdingungswesens, die der preußische Minister der öffentlichen Arbeiten anstellen ließ[1]), keinerlei Hinweise auf bestehende Hemmungen erbrachten, zeigte allerdings deutlich genug, daß eine gründliche sachverständige Klarlegung des Verwaltungsgebarens bei Durchführung des Verdingungswesens und ein offenes Bekenntnis vorhandener Schäden des Dienstbetriebs unter der Herrschaft des formal-juristischen Verwaltungsgeistes auf amtlichem Wege überhaupt nicht erreichbar war: es hätte ein an Selbstverneinung grenzender Opfermut der beteiligten Beamten dazu gehört. Diese Eigenschaft wäre zwar dem naturwissenschaftlich-technisch geschulten Sachgeist des Baubeamten nicht wesensfremd gewesen; aber der Sachgeist war ja durch den herrschenden Verwaltungsgeist gelähmt oder verbildet worden. Deshalb hätte es wahrscheinlich in den beteiligten Ämtern vielfach auch an Männern gefehlt, deren Blick für das Wesentliche jener Aufgabe ausreichend geschärft gewesen wäre.

Unter solchen Verhältnissen war von vornherein die stille Arbeit eines einzelnen Baubeamten erfolgversprechender, der es sich zur Lebensaufgabe gemacht hatte, auf eigene Faust die Übelstände des Verdingungs-

---

[1]) Siehe Anlage 2, XII der mehrerwähnten Denkschrift des Ministers der öffentlichen Arbeiten.

wesens bis zu ihren letzten Wurzeln zu verfolgen, und dessen persönliches Erleben vielseitig und reich genug war, um die Erreichung seines Zieles zu ermöglichen. Ich selbst habe mir jene Aufgabe gestellt und habe das Ergebnis meiner mehr denn zwanzigjährigen Beobachtungen in der Staatsbauverwaltung erstmals im Jahre 1919 in Buchform veröffentlicht[1]) und seither in einer Reihe von Eingaben an verschiedene Ministerien und von Beiträgen für gewerbliche Zeitschriften näher erläutert oder weiter ausgebaut.

Das Ergebnis meiner Forschungen wurde teilweise schon oben angedeutet und soll hier scharf herausgestellt werden: Man hat infolge der einseitig juristischen Vorbildung der maßgebenden Verwaltungsbeamten das staatliche Verdingungswesen als einen vorwiegend formal-rechtlichen Verwaltungsvorgang aufgefaßt und behandelt, während es in Wirklichkeit eine technisch-wirtschaftliche Angelegenheit von allergrößter Bedeutung für die Gesamtheit unseres Volkslebens ist. Infolge der irrigen Auffassung hat man die Regelung des Verdingungswesens mit Verfahrensvorschriften zu erreichen geglaubt, ohne sich die Frage vorzulegen, ob diese Vorschriften überhaupt durchführbar und ob die Vorbedingungen gegeben seien, unter denen die öffentlichen Aufträge zum Segen für Gewerbestände, Verwaltungen und Allgemeinheit ausschlagen könnten. So hat man jahrzehntelang mit Verdingungsordnungen gearbeitet, deren Hauptvorschriften nur auf dem Papier standen, weil unter den gegebenen Verhältnissen die Durchführung einfach unmöglich war.

Tatsächlich liegt das ganze Geheimnis der Auswüchse des Verdingungswesens nicht in den Verdingungsordnungen, sondern darin, daß die Verdingungsunterlagen vielfach weder eindeutig noch vollständig waren und daß bestimmte Unternehmer gewohnheitsmäßig damit rechneten, die Verträge nicht wortgetreu erfüllen zu müssen oder sich an Aufträgen schadlos halten zu können, von denen die Ausschreibungsunterlagen nichts enthielten oder die — überhaupt nicht ausgeführt wurden.

---
[1]) Rothacker, Das Verdingungswesen, seine Abhängigkeit von Erziehung und Stellung der Baubeamten und seine Heilung, Braun'scher Verlag, Karlsruhe 1919.

Die Undurchführbarkeit der Bestimmungen über die Aufstellung eindeutiger und vollständiger Verdingungsunterlagen ist durch die Alleinherrschaft des formal-juristischen Verwaltungsgeistes begründet, der den technischen Sachverstand in weitgehendem Maße verbildete oder in verständnisloser Weise festlegte und so an einer wissenschaftlichen Durchdringung, einer richtigen Auffassung und einer allein erfolgversprechenden rein sachlichen Regelung des Verdingungswesens verhinderte und der infolge der unfruchtbaren bureaukratischen Behandlung des Verdingungswesens zu einer immer stärker werdenden Entfremdung zwischen den Baubeamten und den geschädigten Gewerbeständen führte, wodurch den ersteren die Möglichkeit der genügenden Einfühlung in die Gedankenwelt der Gewerbetreibenden und das Verständnis dafür verschlossen wurde, wie die Verdingungsunterlagen beschaffen sein müßten, um von jedem fachmännischen Bieter richtig und im gleichen Sinn verstanden zu werden.

Der Umstand, daß trotz der gegenteiligen Bestimmungen der Verdingungsordnungen Abweichungen von den Vertragsbedingungen, Nachbewilligungen und sonstige Vergünstigungen durchaus nichts seltenes waren, ist ebenfalls aus der Herrschaft des formal-juristischen Verwaltungsgeistes zu erklären, dem es in erster Linie auf eine glatte Erledigung aller Dienstgeschäfte ankommt und der daher bei auftretenden Schwierigkeiten leicht zu unangebrachter Nachgiebigkeit und Rücksichtnahme neigt. Die Ausnahmen von den Vorschriften der Verdingungsordnungen über die genaue Vertragserfüllung waren allerdings in vielen Fällen durch Lücken und Unklarheiten in den Verdingungsunterlagen begründet; aber es kam auch vor, daß sie selbst beim Fehlen jedes Rechts- oder Billigkeitsgrundes lediglich zur Vermeidung von Auseinandersetzungen mit den Unternehmern Platz griffen; ja es sind mir Fälle bekannt, in denen Baubeamte, die pflichtgemäß die Vertragsbestimmungen gegen untüchtige Leistungen oder unlautere Machenschaften anwenden wollten, von ihren Vorgesetzten einfach fallen gelassen wurden, weil diese fürchteten, unliebsam aufzufallen, wenn sich irgendeine Schwierigkeit in ihrem Geschäftsbereich ergäbe, oder weil sie sich die Unannehmlichkeit eines Rechtsstreits oder auch nur zeitraubender Erörterungen ersparen wollten. Wenn in solchen Fällen nicht einfach der Befehlsstandpunkt des Vorgesetzten herausgekehrt wurde, war der Hinweis auf die „Unzulänglichkeit der Preise" besonders beliebt.

Damit kommen wir zum dritten Kernpunkt des Verdingungswesens: der viel erörterten Frage eines einwandfreien Grundsatzes für die Zuschlagserteilung. Wie bereits oben ausgeführt, haben die Gewerbetreibenden mit ihrer Behauptung, daß trotz des gegenteiligen Wortlauts der Verdingungsordnungen nach wie vor in der Regel der Mindestfordernde den Auftrag erhalte, nur zu recht. Sie haben aber unrecht, wenn sie teilweise verlangen, daß der Mindestfordernde grundsätzlich ausfallen müsse, oder wenn sie gar an Stelle der bisherigen Übung eine andere Regel eingeführt haben wollen, die den Zuschlagsempfänger ebenfalls nur rein mechanisch ermitteln soll, wie z. B. die Regel des Mittelpreisverfahrens, oder wenn sie den Zuschlag ein für allemal demjenigen zusprechen wollen, dessen Angebot einem vorher errechneten sogenannten „angemessenen Preis" am nächsten kommt. Denn damit würde lediglich eine allgemeine Preissteigerung erreicht, nicht aber die Sicherheit gewonnen, daß derjenige den Zuschlag erhält, dem er am meisten gebührt und dessen Berücksichtigung für die Allgemeinheit am vorteilhaftesten ist. Nur ein Verfahren, das diese Sicherheit gibt, hat jedoch eine sittliche Berechtigung und ist geeignet, die bisherigen Mißstände des Verdingungswesens beseitigen zu helfen, ohne andere, womöglich noch größere Mängel mit sich zu bringen.

Ein solches Verfahren setzt aber unter allen Umständen das Vorhandensein von allgemein anerkannten Preisberechnungsgrundlagen voraus, die es dem fachmännischen Bieter ermöglichen, seine Selbstkosten leicht und sicher zu berechnen, und welche die zuschlagerteilende Behörde instandsetzen, die Angebote sachgemäß zu prüfen. Liegen derartige Preisberechnungsgrundlagen vor, wird der Zuschlag nur einem Bieter erteilt, der nachgewiesen hat, daß seine Preise für seine Verhältnisse angemessen sind, und wird grundsätzlich dem Unternehmer das Wagnis für solche Umstände abgenommen, auf die er keinen Einfluß ausüben kann, so fällt jeder Grund für Erleichterungen, Nachbewilligungen oder sonstige Vergünstigungen fort und kann die strengste Vertragserfüllung unter allen Umständen verlangt werden. Müssen aber alle Bieter von vornherein damit rechnen, daß ihnen keinerlei Abweichung von den Vertragsbedingungen erlaubt und keinerlei Schadloshaltung an außervertraglichen Vergütungen möglich ist, so werden die Auswüchse des Wettbewerbs ganz von selbst verschwinden, da kein vernünftiger Mensch sich zur Regel machen wird, Aufträge zu suchen, von denen er vorweg weiß, daß sie ihm Verluste bringen. Es werden allerdings immer wieder Ausnahmefälle vorkommen, in denen es für einen Unternehmer vorteilhafter ist, zu einem Preise zu arbeiten, der kaum oder nicht einmal seine Selbstkosten deckt, als wenn ihm der Auftrag entgeht. Aber auch solche Fälle können nichts schaden, wenn sie aus dem Gesichtspunkte des Allgemeinwohls entschieden werden und zwar womöglich durch eine paritätisch zusammengesetzte Stelle, wie ich sie weiter unten besprechen werde, und wenn vor allem auch in diesen Fällen die streng bedingungsgemäße Vertragserfüllung oberster Grundsatz bleibt.

Die bisherigen Ausführungen geben schon deutliche Hinweise auf die einzig wirksamen Mittel zur Heilung des Verdingungswesens. Ehe aber der Weg zur Erlangung und Anwendung dieser Heilmittel besprochen wird, müssen einige allgemeine und grundsätzliche Gesichtspunkte vorweggenommen werden.

Bekanntlich wurde gegen Mitte des vorigen Jahrhunderts das Vergebungsverfahren der Verdingung (der Zuschlagserteilung auf Grund eines schriftlichen Wettbewerbs zwischen den Bietungslustigen) an Stelle der früher üblichen Verfahren der freihändigen Vergebung und der Lizitation (des mündlichen Abbietungsverfahrens) zur Regel für die Auftragserteilung der öffentlichen Verwaltungen gemacht, weil die Erfahrung gezeigt hatte, daß die freihändige Vergebung in unerträglichem Maße zu Vettern- und Klüngelwirtschaft, Durchstecherei, Bestechlichkeit und Schlendrian führte, während die Lizitation zu unüberlegten Angeboten verleitete, die den Bieter ins Verderben zogen oder zur Lieferung von Pfuscharbeiten zwangen. Als sich dann aber die oben geschilderten Auswüchse des Verdingungswesens einstellten und alle Heilungsversuche als verfehlt erwiesen, wurden in der allgemeinen Ratlosigkeit auch Rufe nach der Abschaffung des Wettbewerbsverfahrens, also nach der Wiedereinführung der freihändigen Vergebung laut. Derartigen Forderungen ist im Laufe der letzten 50 Jahre von einzelnen Verwaltungen tatsächlich nachgegeben worden, aber stets mit dem Erfolg, daß man vom Regen in die Traufe geriet und bald wieder zum Verdingungsverfahren zurückkehrte. Wenn trotzdem bis in die neueste Zeit hinein die gleiche Forderung immer wieder auftaucht, so ist das eben ein Beweis dafür, wie viele Unberufene auf dem Gebiet des Verdingungswesens tätig sind. Denn zu Verbesserungsvorschlägen ist doch nur berufen, wer wenigstens die hauptsächlichsten Erfahrungen kennt, die auf dem Gebiet seiner Betätigung bereits gemacht sind.

Die Heilung des Verdingungswesens kann also nicht in der Beseitigung des Wettbewerbs gesucht werden, sondern nur in dessen Befreiung von den bisherigen Auswüchsen. Denn nur mit Hilfe eines gesunden Wettbewerbs ist es möglich zwischen

den entgegengesetzten Interessen von Auftraggebern und Bietern einen
Ausgleich zu schaffen, der sowohl für jeden der beiden Teile selbst, als
auch für die Allgemeinheit vorteilhaft ist. Der Nutzen des Verdingungs-
verfahrens für die vergebende Stelle liegt auf der Hand: durch den
Wettbewerb wird das natürliche Selbststreben der Bieter nicht nur an
der Entartung und der Übervorteilung des Auftraggebers verhindert,
sondern sogar zur Erlangung besonders preiswürdiger und tüchtiger
Leistungen verwertet. Für das Gewerbe ist der Wettbewerb segensreich,
weil er die einzelnen Gewerbetreibenden zur höchsten Entwicklung ihrer
Tüchtigkeit anspornt und dadurch die Berufsstände zu immer größerer
sachlicher wie wirtschaftlicher Leistungsfähigkeit hebt. Der Allgemeinheit
aber können die Wirkungen des Wettbewerbs nach der einen wie nach
der anderen Seite nur zum Vorteil ausschlagen: die tüchtige und preis-
würdige Erledigung der öffentlichen Arbeiten setzt die Ansprüche an die
Steuerzahler herab, zumal der gleichzeitige wirtschaftliche Aufstieg der
Gewerbetreibenden die Zahl der tragfähigen Schultern vermehrt; die
tüchtigen Leistungen können angemessen bezahlt werden, der Unternehmer
ist daher zur ausreichenden Entlohnung seiner Arbeiter und Angestellten
befähigt; und durch Verringerung der sozialen Gegensätze und Kämpfe
werden erhebliche Ersparnisse an Kraft und Geld erzielt; alles dies trägt
zur Hebung des Wohlstandes der breiten Volksschichten und zur Förderung
des Kulturfortschrittes bei.

Die zweite grundsätzliche Forderung, die eine einwand-
freie Regelung des Verdingungswesens erfüllen muß, ist die
Vermeidung von besonderen Ausnahmebestimmungen zu-
gunsten irgend eines Standes. Denn solche Ausnahmebestimmungen
würden letzten Endes gerade dem begünstigten Stand die allergrößten
Nachteile bringen müssen, weil sie seine Mitglieder zu einer laschen
Auffassung ihrer Rechte und Pflichten gegenüber der Allgemeinheit ver
leiten und damit immer unfähiger machen würden, aus eigener Kraft
wettbewerbsfähig zu bleiben. Dies wäre aber um so gefährlicher für
den begünstigten Stand, als er sicher früher oder später gerade seiner
Ausnahmestellung wegen von anderen Volksschichten bekämpft würde
und dann infolge seiner geschwächten Widerstandsfähigkeit unterliegen
müßte. Ausnahmebestimmungen würden aber auch wirtschaftshemmend,
ungerecht und unsozial wirken: wirtschaftshemmend, weil sie die geeignetste
und deshalb für die Allgemeinheit vorteilhafteste Betriebsform an der
Entwicklung hindern würden; ungerecht, weil die Bevorzugung des einen
oder anderen Standes einer Schädigung der übrigen Stände gleichkäme;

und unsozial, weil die Hintanhaltung der wirtschaftlichsten Betriebsform steuererhöhend und kulturhemmend wirken müßte. Dies hat auch das mittelständische Gewerbe längst eingesehen, soweit es sich, wie in den rheinisch-westfälisch-lippischen Handwerkerfachverbänden, im stolzen Bewußtsein der eigenen Kraft, auf eine planvolle Selbsthilfebewegung eingestellt hat: die genannten Fachverbände fordern von den öffentlichen Verwaltungen nicht mehr, aber auch nicht weniger, als daß jedem Bewerbungslustigen unter gleichen und gesunden Wettbewerbsbedingungen der Zutritt zum Baumarkt ermöglicht werde. Diese Forderung verdient alle Unterstützung mit der selbstverständlichen Einschränkung, daß nur sachlich leistungsfähige Bewerber zugelassen werden dürfen.

Um einen gesunden Wettbewerb zu sichern, sind, wie bereits bemerkt, eindeutige und lückenlose Verdingungsunterlagen und die strenge Durchführung des Vertrags Grundbedingung; und zur Erfüllung der zweiten dieser Bedingungen sind das Vorhandensein allgemein anerkannter Preisberechnungsgrundlagen und die Zuschlagserteilung zu Preisen, die nachgewiesenermaßen für die Verhältnisse des Bieters angemessen sind, Voraussetzung. Alles andere ist nebensächlich; insbesondere ist die Verdingungsordnung nur von untergeordneter Bedeutung, wenn die genannten Grundbedingungen erfüllt werden. Dies kann nicht oft und nicht eindringlich genug betont werden, weil immer wieder und allerorts bei Verwaltungen wie Gewerbeständen der alte Irrtum zutage tritt, daß mit neuen Verdingungsordnungen oder gar mit einem Verdingungsgesetz das Verdingungswesen geheilt werden könne. Neue Verdingungsordnungen sind also unnötig und zwecklos; man kann vielmehr sehr wohl mit den vorhandenen auskommen, die natürlich von den oben erwähnten Mängeln gereinigt werden müßten. Ein Verdingungsgesetz dagegen wäre geradezu schädlich, weil es die Mißstände des Verdingungswesens durch weitere Verstärkung der formal-rechtlichen Behandlung noch wesentlich vertiefen würde. Außerdem ist ein Gesetz bedeutend schwieriger abzuändern als eine Verordnung; die Auswüchse des Verdingungswesens würden also durch dessen gesetzliche Regelung geradezu für unabsehbare Dauer festgelegt werden.

Um überhaupt zu einem gesunden Verdingungswesen gelangen zu können, ist in erster Linie dafür zu sorgen, daß an den maßgebenden

Die Heilung des Verdingungswesens.

Stellen der Verwaltungen und Gewerbestände zunächst einmal die richtige Bedeutung des Verdingungswesens, die Grundursache seiner Mißstände und die Dringlichkeit seiner Neuregelung erkannt werden; dazu ist unermüdliche Aufklärung in Schrift und Wort erforderlich. Fernerhin müssen die Regierungen dieser wichtigen Aufgabe ihr volles Augenmerk schenken und vor allem in eine beschleunigte sachliche Beratung bereits vorhandener Verbesserungsvorschläge unter Beteiligung der Urheber eintreten. Dadurch würden sie zweifellos auch noch weitere wertvolle Anregungen erlangen, während sie mit der Nichtbeachtung oder Verschleppung von bezüglichen Vorlagen kostbare Zeit verlieren und die wenigen Quellen verstopfen würden, aus denen sie fruchtbare Gedanken schöpfen könnten. Auch die Abgeordneten zum Reichstag und Reichswirtschaftsrat sowie zu den Volksvertretungen der Bundesstaaten haben die ernste Pflicht, mit dem ganzen Gewicht ihres Einflusses dahin zu wirken, daß nichts versäumt wird, was die außerordentlich wichtige und dringliche Regelung des Verdingungswesens fördern kann. Die Gewerbestände endlich werden bei richtiger Erkenntnis der Bedeutung des Verdingungswesens schon durch den Selbsterhaltungstrieb gezwungen, mit allen verfügbaren Mitteln auf die schleunigste Lösung der Verdingungsfrage hinzuwirken.

Selbstverständlich sind mancherlei Wege denkbar, die zum Ziele führen können. Mir selbst erscheint der folgende als der kürzeste und sicherste:

Der erste Schritt zur Neuregelung des Verdingungswesens muß die Herbeiführung eines Vertrauensverhältnisses zwischen den Baubeamten und den Gewerbetreibenden sein. Dieses Vertrauensverhältnis würde sich sehr rasch einstellen, wenn eine streng sachgemäße Behandlung des Verdingungswesens durch die ausführenden Baubeamten Platz griffe. Solange die Bauverwaltungen aber nicht auf eigene Füße gestellt und damit zur richtigen Auswahl und Erziehung ihrer Beamten befähigt sind und solange die bisherige Verbildung des Technikers nachwirkt, kann natürlich mit einer durchgängigen rein sachlichen Behandlung technischer und besonders technisch-wirtschaftlicher Fragen nicht gerechnet werden. Die Befreiung des technischen Denkens und Schaffens aus der Abhängigkeit von dem wesensfremden Verwaltungsgeist des juristisch vorgebildeten Verwaltungsbeamten ist daher mit allergrößter

Entschiedenheit und Beharrlichkeit als das Hauptziel zu verfolgen[1]). Bis sie aber durchgeführt und bis es der selbständigen Bauverwaltung gelungen ist, ihren Beamtenkörper von den Mängeln zu befreien, die sich in der allzulange getragenen Zwangsjacke entwickelt haben, wird eine geraume Zeit vergehen. Solange mit der Neuregelung des Verdingungswesens zu warten, ist natürlich unmöglich. Deshalb muß ein Mittel gesucht werden, das geeignet ist, die Folgen der bisherigen verkehrten Erziehung und Stellung des technischen Beamten wenigstens teilweise auszugleichen und die ersten Anknüpfungspunkte zu einem allgemeinen Vertrauensverhältnis zwischen den Baubeamten und den Gewerbeständen zu schaffen. Nun haben wir gesehen, daß für die Sicherung eines gesunden Wettbewerbs Hilfsmittel erforderlich sind, welche die Aufstellung einwandfreier Verdingungsunterlagen und die sachgemäße Berechnung und Prüfung der Preise ermöglichen. Es leuchtet ohne weiteres ein, daß derartige Hilfsmittel ihren Zweck dann am besten erfüllen, wenn sie möglichst allgemein Anerkennung und Anwendung finden. Dies ist nur erreichbar, wenn sie in gemeinsamer Arbeit der Verwaltungen und Gewerbestände geschaffen werden. Eine solche Gemeinschaftsarbeit ist aber zugleich auch das geeignetste Mittel, um das erforderliche Vertrauensverhältnis zwischen den beiden Lagern anzubahnen. Unerläßliche Voraussetzung ist allerdings, daß sie auf dem Boden völliger Gleichberechtigung und zwischen Vertretern der beteiligten Körperschaften abgewickelt wird, die persönlich weder unmittelbar noch mittelbar an den einzelnen Aufträgen beteiligt sind, also zwischen Beamten der oberen Stufen der Verwaltungen einerseits und Vertretern der gewerblichen Standesverbände andrerseits. Eine solche Gemeinschaftsarbeit wird unfehlbar dazu führen, daß sich die beiden Lager gegenseitig verstehen und achten lernen, und wird nicht nur das Verschwinden der bisherigen gegenseitigen Beargwöhnung, sondern darüber hinaus die Überzeugung zeitigen, daß Baubeamte und Gewerbestände schicksalsverbunden sind und nur in dauerndem Zusammenwirken und durch dauernde gegenseitige Befruchtung und Unterstützung zur Entfaltung ihrer höchsten Leistungsfähigkeit und zur bestmöglichen Lösung ihrer beruflichen Aufgaben gelangen können: der Baubeamte wird im Gewerbe-

---

[1]) Bestimmte Vorschläge für den Aufbau einer leistungsfähigen Bauverwaltung gibt das Werk: Rothacker, Das Verdingungswesen, seine Abhängigkeit von Erziehung und Stellung der Baubeamten und seine Heilung, Karlsruhe 1919.

treibenden den unentbehrlichen Träger von Erfahrungen und Kenntnissen sehen, die zu seinem eigenen Wissen und Können die notwendige Ergänzung bilden und deren sorgfältige Pflege und Förderung für die vollkommene Verwirklichung seiner Entwürfe unerläßlich ist; der Gewerbetreibende dagegen wird den Baubeamten als den verständnisvollen wissenschaftlichen Berater und sachlichen Förderer, als den unparteiischen Schiedsrichter im Wirtschaftskampf und als den sicheren Bürgen für die angemessene Entlohnung tüchtiger Leistungen kennen und schätzen lernen.

Wie bereits betont, muß die Gemeinschaftsarbeit auf dem Boden völliger Gleichberechtigung stattfinden; mit anderen Worten: die Vertreter der beteiligten Körperschaften müssen sich ganz unbefangen gegenüberstehen. Dies ist nur in einem eigens zu schaffenden Selbstverwaltungskörper möglich. Denn eine Einrichtung der Gemeinschaftsarbeit im Anschluß an irgend eine bestehende Behörde oder an irgend einen bestehenden Gewerbeverband würde unvermeidlich auf die einzelnen Teilnehmer an der Gemeinschaftsarbeit einen verschiedenen und zwar einen um so höheren Grad von Sicherheits- oder Abhängigkeitsgefühl ausüben, je näher oder ferner sie der Behörde oder dem Verband stünden. Aber abgesehen von seelischen Wirkungen würde die Angliederung der Gemeinschaftsarbeit an eine bestehende Stelle auch die Gefahr der sachlichen Beeinflussung mit sich bringen.

Aus diesen Erwägungen heraus habe ich in meinem mehrfach erwähnten Buch und in verschiedenen Denkschriften und Aufsätzen die Einrichtung von „Landesverdingungsämtern" vorgeschlagen. Darunter verstehe ich öffentlich-rechtliche Selbstverwaltungskörper, bestehend aus einer ständigen beamteten Geschäftsleitung sowie aus Vertretern aller am Verdingungswesen beteiligten Verwaltungen und Gewerbestände. Diese Ämter haben die Aufgabe, in Verdingungsangelegenheiten aufklärend, anregend, beratend, helfend und fördernd zu wirken, insbesondere die grundlegenden Fragen des Verdingungswesens zu erörtern, Gegensätze auszugleichen, den Behörden und Gewerbetreibenden die Hilfsmittel für die Aufstellung einwandfreier Verdingungsunterlagen und Preisberechnungen zu liefern, für die strenge Vertragserfüllung zu sorgen, eine Verdingungsstatistik zu führen sowie technische und technisch-wirtschaftliche Fortschritte und Erfahrungen zu sammeln und allgemein nutzbar zu machen.

Die Verdingungsämter nach meinem Vorschlag unterscheiden sich in allen wesentlichen Punkten von den bisher bekannt gewordenen Einrichtungen gleichen Namens, wie sie von Handwerkskammern oder anderen gewerblichen Organisationen ins Leben gerufen worden sind, die jedoch eine tiefe, nachhaltige und allseitige Wirkung schon deshalb nicht ausüben konnten, weil sie als einseitige nichtamtliche Schöpfungen der Auftragnehmer weder sichere Gewähr für völlige Unparteilichkeit bieten, noch über die gleichen geistigen und geldlichen Mittel verfügen können, wie Einrichtungen auf der breiten Grundlage meines Vorschlages.

Die Vergebung der einzelnen öffentlichen Aufträge soll also nicht zu den Aufgaben der Landesverdingungsämter gehören, sondern nach wie vor im unmittelbaren Verkehr zwischen den zuständigen Behörden und den Gewerbetreibenden erfolgen. Diese sollen jedoch, wie erwähnt, von den Landesverdingungsämtern die Hilfsmittel zur einwandfreien Durchführung des Vergebungswesens erhalten. Die nächstliegenden und dringendsten Aufgaben eines Landesverdingungsamtes sind demnach folgende:

Die Geschäftsleitung sammelt die erreichbaren Verdingungsordnungen, Verfahrensvorschriften und technischen Bedingungen und benutzt sie zu einer selbständigen Bearbeitung, indem sie die Vorzüge der einzelnen Unterlagen zu erhalten und zu verstärken, ihre Mängel aber auszumerzen sucht. In gleicher Weise sammelt und verwertet sie die erhältlichen Beschriebe häufiger vorkommender Leistungen. Natürlich steuern alle im Landesverdingungsamt vertretenen Verwaltungen und Gewerbestände möglichst reichhaltige Beiträge in Form von Unterlagen, Erfahrungen und Anregungen bei. Ferner liefern alle vertretenen Gewerbestände für ihr Berufsfach Musterberechnungen der Preise aller wichtigeren Leistungen.

Die Bearbeitungen der Geschäftsleitung und die Musterberechnungen werden sodann in Sitzungen des Landesverdingungsamts eingehend durchberaten, nach etwaiger Ergänzung oder Änderung den einzelnen beteiligten Körperschaften bekanntgegeben und schließlich unter tunlichster Berücksichtigung der eingegangenen Wünsche oder Einwendungen in einer Schlußsitzung des Verdingungsamts endgültig festgestellt. Sie haben nunmehr Gültigkeit für den ganzen Geschäftsbereich des Verdingungsamts und werden, durch Druck vervielfältigt, allen beteiligten Körperschaften und durch diese den einzelnen Beamten und Mitgliedern zugänglich gemacht.

Weiterhin verfolgt die Geschäftsleitung andauernd die Werkstoffmärkte und die Lohnbewegungen aller am Verdingungswesen beteiligten Gewerbezweige und gibt durch regelmäßige Umdrucke die gültigen Preise und Lohnsätze allen Beteiligten bekannt. Und endlich sammelt

Die Heilung des Verdingungswesens. 29

sie alle erreichbaren Erfahrungen über den angemessenen Zeitbedarf für Ausführung der einzelnen gewerblichen Leistungen, regt zur Ausfüllung der vorhandenen Lücken an und vermittelt die Kenntnis aller zuverlässigen Angaben an die Verwaltungen und Gewerbestände.

Durch die erhaltenen Unterlagen und Hilfsmittel ist jedem Baubeamten schon die Aufstellung der Kostenanschläge ganz erheblich erleichtert: abgesehen davon, daß nunmehr eine eigene Bearbeitung des Leistungsbeschriebs in der Regel überhaupt nicht mehr oder nur noch teilweise nötig ist, kann die Fassung der Kostenanschläge bei Bezugnahme auf die zutreffende Nummer des Musterbeschriebs ganz kurz gehalten werden, wodurch nicht nur das Schreibwerk vermindert, sondern auch die Übersichtlichkeit vermehrt und damit die Prüfungsarbeit auf ein Mindestmaß herabgedrückt wird; und die Preisberechnungsgrundlagen machen jedem Baubeamten eine richtige Kostenermittlung möglich, entheben ihn also der Zwangslage, die zutreffenden Preise aus den Verdingungsergebnissen der letzten Zeit zu erraten.

Die Ausarbeitung einwandfreier, d. h. vollständiger und klarer Verdingungsunterlagen ist nunmehr ein leichtes: Der Verdingungsanschlag wird in gleicher Weise wie der Kostenanschlag aufgestellt und unter Bezugnahme auf den Musterleistungsbeschrieb ganz kurz gefaßt; die Bedingungen werden lediglich durch handschriftliche Zusätze oder Änderungen dem Sonderfall angepaßt. Damit ist jeder Bieter imstande, ein sachlich richtiges Angebot einzureichen. Denn da er den Musterleistungsbeschrieb selbst besitzt und da die Verfahrensvorschriften für alle Behörden und für alle Verdinge dieselben sind, ist der Empfänger des kurzgefaßten Angebotsvordruckes nach Vermerkung der etwaigen handschriftlichen Änderungen in den besonderen Bedingungen und technischen Vorschriften sowie nach Einsichtnahme in die Bauzeichnungen und nach Besichtigung der Baustelle vollständig im Bilde über die gestellten Anforderungen; er kann daher mit Hilfe der erhaltenen Preisberechnungsgrundlagen sein Angebot in aller Ruhe und Sicherheit zu Hause ausarbeiten. Ebenso stehen der verdingenden Dienststelle alle Hilfsmittel zur Prüfung der Angemessenheit der Angebote zur Verfügung.

Sind aber die Angebote auf Grund völlig klarer Unterlagen und an Hand einwandfreier Hilfsmittel aufgestellt und ist der Zuschlag nach tatsächlicher Feststellung der Angemessenheit des Angebots für die Verhältnisse des Bieters erteilt, so kommt es nur noch darauf an, für die nötige Kontrolle zu sorgen, daß das Angebotene auch tatsächlich geleistet und daß jede Nachbewilligung oder Erleichterung, mit der nicht alle Bieter rechnen konnten, streng vermieden wird. Diese Kontrolle wird sich mit Hilfe der Gemeinschaftsarbeit im Landesverdingungsamt unschwer durchführen lassen. Schon die Statistik über die stattgehabten Verdinge und über die Abwicklung der abgeschlossenen Verträge wird dem Landesverdingungsamt Fingerzeige geben, wo etwa eine besondere Begünstigung einzelner Bieter stattfindet. Des weiteren werden beim Vorliegen von Mißständen sicher Beschwerden der Geschädigten oder der örtlichen Gewerbevertretungen beim Verdingungsamt eingehen. Auch der Vergleich des Verdingungswesens der einzelnen Körperschaften an Hand der Statistik des Landesverdingungsamtes wird Schlüsse auf eine unterschiedliche Behandlung der Verdingungsgeschäfte erkennen lassen und die beteiligten Verwaltungen oder Gewerbestände zu Nachprüfungen und erforderlichenfalls zur Abstellung von Mißständen veranlassen. Und alle diese Kontrollbehelfe werden noch ergänzt und verstärkt durch gelegentliche oder regelmäßige Besichtigungen ausgeführter oder in Ausführung begriffener Leistungen durch besondere Abordnungen des Landesverdingungsamts, denen natürlich in jedem Fall die Vertreter der beteiligten Körperschaften angehören. Alles in allem wird also die Kontrolle durch einen dauernden fruchtbaren **Wettstreit der beteiligten Körperschaften um die beste und erfolgreichste Handhabung des Verdingungswesens** ausgeübt. Dies hindert natürlich nicht, dem Landesverdingungsamt in einzelnen Fällen von besonderer Schwierigkeit oder Tragweite oder auf Antrag eines Beteiligten Entscheidungsbefugnis zu übertragen.

Ein noch weitergehender Ausbau des Grundgedankens der Gemeinschaftsarbeit bis zur Zuschlagserteilung und bis zur laufenden Überwachung und Abnahme der Vertragsleistungen durch Bezirksstellen des Landesverdingungsamts wäre natürlich nicht unmöglich, wird aber besser nicht ohne Not durchgeführt. Denn einmal sollte man alles vermeiden, was das Selbständigkeits- und Verantwortlichkeitsgefühl der beteiligten Behörden und Gewerbetreibenden unnötigerweise beeinträchtigen könnte, und zum zweiten besteht die Gefahr, daß das Landesverdingungsamt bei regelmäßiger Einmischung in die einzelnen Verdinge und Vertragsverhältnisse schon infolge des hierfür erforderlichen kopfreichen Verwaltungsaufbaus nicht mehr unantastbar über der Sache stünde. Im übrigen ist es stets zweckmäßig, eine neue Einrichtung von vornherein aus einem kleinen Kern herauswachsen und auch der Kosten wegen nur soweit um sich greifen zu lassen, als die Bedürfnisse das erfordern.

Schon dadurch, daß das Landesverdingungsamt umfangreiche und wichtige Dienstgeschäfte, die bisher von einer großen Zahl von Behörden gleichzeitig und immer wieder von neuem erledigt werden mußten, unnötig macht oder ganz erheblich erleichtert, werden bei allen jenen Behörden unmittelbar erhebliche Kräfte- und Zeitverluste vermieden, deren Gesamtkosten sicher mehrfach höher sind, als die Verwaltungskosten des Landesverdingungsamts. Noch viel höhere Ersparnisse erwachsen aber durch die Tätigkeit des Landesverdingungsamts den Behörden, den Gewerbeständen und der Allgemeinheit mittelbar infolge der Sicherstellung bedingungsgemäßer Leistungen, der Hebung der Werktüchtigkeit und der Sammlung, Erhaltung und Verbreitung aller wertvollen Erfahrungen und Fortschritte auf technischem wie technisch-wirtschaftlichem Gebiete.

Besonders die letztgenannte Wirkung der vorgeschlagenen Gemeinschaftsarbeit kann nicht hoch genug eingeschätzt werden. Wer die Wirtschaftsgeschichte zu lesen versteht, weiß, daß das plötzliche und ungeahnte Anschwellen des Reichtums aller Kulturstaaten in den letzten hundert Jahren fast ausschließlich auf die rasche Entwicklung der Technik und den zunehmenden Schatz an technischen Ideen zurückzuführen ist. Nun sind bisher die ungezählten technischen und technisch-wirtschaftlichen Verbesserungen und Neuerungen, die dauernd und allenthalben von unseren Technikern und Gewerbetreibenden ersonnen und mit Erfolg erprobt wurden, nur in wenigen Ausnahmefällen über das unmittelbare Tätigkeitsgebiet der Urheber hinausgetragen worden, weil es an einer Einrichtung fehlte, wodurch sie rasch, sicher und ohne besondere Kosten für die Urheber verbreitet und der Allgemeinheit nutzbar gemacht werden konnten. Es muß ohne weiteres einleuchten, welch unerschöpfliche und ergiebige Fortschritts- und Wohlstandsquelle dadurch der ganzen Volkswirtschaft verschlossen blieb und wie segensreich die Erschließung dieser Quelle gerade heute für uns werden muß, da wir nur durch Steigerung unserer technischen und technisch-wirtschaftlichen Leistungen einen Ausgleich für unsere materielle Verarmung schaffen können.

Nach alledem sind die Landesverdingungsämter keine zehrende, sondern im Gegenteil eine hervorragend kostensparende und wirtschaftsfördernde Einrichtung. Wenn daher meine Vorschläge in Regierungskreisen bisher unbeachtet blieben oder mit dem Hinweis abgetan wurden, daß die traurige Lage unserer Reichs- und Staatsfinanzen die Schaffung neuer Ämter nicht erlaube, so zeugt dies von einer ganz oberflächlichen Kenntnis oder einer völligen Mißdeutung meiner Schriften: in Wirklichkeit kann es überhaupt keinen zwingenderen und dringenderen Grund zur Schaffung von derartigen Ämtern geben, als eben die gegenwärtigen finanziellen und wirtschaftlichen Nöte Deutschlands.

Leider sind durch das bisherige Verhalten der Regierungen nahezu zwei kostbare Jahre verloren gegangen. Im Hinblick darauf verdienen die Bestrebungen des Kartells rheinisch-westfälisch-lippischer Handwerkerfachverbände zur Verbesserung des Verkehrs auf dem Baumarkt besondere Beachtung, weil sie geeignet sind, das Versäumnis der Regierungen teilweise auszugleichen. Das Kartell hat sich in erster Linie die Aufgabe gestellt, in seinen Mitgliedern den Gedanken zu wecken und zu pflegen, daß ein Standesverband nicht einseitige Interessen verfolgen darf, sondern als Pfleger des gesamten Berufs eine sittliche Verantwortung gegenüber der Allgemeinheit trägt. Die opferfreudige und unermüdliche Arbeit der Führer des Kartells hat bereits die schönsten Früchte gezeitigt. Vor allem hat sie dazu geführt, die Kräfte und Erfahrungen der angeschlossenen Fachverbände zur Sammlung und Verarbeitung von Musterbeschrieben technischer Leistungseinheiten und zur Entwicklung berufsständischer Preislehren zusammenzufassen. Es wird also von den genannten Fachverbänden an der Hebung eines Schatzes gearbeitet, mit dessen Hilfe verhältnismäßig leicht und rasch mustergültige Verdingungsunterlagen und Preisberechnungsgrundlagen geschaffen werden können.

Die Gemeinschaftsarbeit mit den vergebenden Dienststellen zur Regelung des Verdingungswesens ist eine alte Forderung des rheinisch-westfälischen Handwerks[1]). Allerdings war diese Forderung ursprünglich zu einseitig, um bei den Behörden großen Anklang finden zu können[2]). Aber die Führer des Kartells waren einsichtig und entschlossen genug, sofort den richtigen Weg zu beschreiten, als er ihnen gezeigt wurde. Das Kartell hat denn auch zur Durchführung der Gemeinschaftsarbeit bereits wertvollste Vorarbeiten geleistet, indem es eine sorgfältig durchdachte Ordnung entworfen hat, wonach die Regelung des Verkehrs auf dem Baumarkt durch ein „Berufsständisches Treuamt" vermittelt werden

---

[1]) Rothacker, Das Verdingungswesen, seine Abhängigkeit von Erziehung und Stellung der Baubeamten und seine Heilung, Karlsruhe 1919, S. 44.
[2]) Ebendaselbst, S. 45.

Die Heilung des Verdingungswesens. 33

soll, dem ähnliche Aufgaben zugedacht sind, wie ich sie den Landesverdingungsämtern übertragen sehen möchte. Der Entwurf des Kartells, dessen versuchsweise Durchführung von der Treuhandstelle für Bergmannswohnstätten im rheinisch-westfälischen Steinkohlenbezirk zugesagt ist, unterscheidet sich von meinen Vorschlägen im wesentlichen dadurch, daß er auch einen laufenden Dienst zur Überwachung der Vertragserfüllung vorsieht. Ich habe oben bemerkt, daß ich in einem solchen Dienst gewisse Gefahren sehe, nehme aber ohne weiteres an, daß das Kartell schon aus Gründen der Kostenersparnis die Treuamtstätigkeit nur so weit auszudehnen gedenkt, als es zur Sicherung eines gesunden Wettbewerbs unerläßlich ist, daß es daher den laufenden Dienst für die Überwachung der Vertragserfüllung nur dann und insoweit einrichten wird, als der erwähnte Zweck nicht bereits durch diejenigen Arbeiten des Treuamts, die ich auch für die Landesverdingungsämter vorsehe, erreicht wird.

Der etwa auftauchenden Befürchtung, daß ein „Berufsständisches Treuamt" auch nur eine einseitige Einrichtung der Gewerbestände sei und deshalb seine Aufgaben kaum in ganz unparteiischer Weise erfüllen könne, war von vornherein dadurch begegnet, daß das Kartell die Überwachung der Treuamtstätigkeit durch einen Staatskommissar vorsah. In der neuesten Zeit hat der Plan des Kartells noch eine weitere Verstärkung des Treuhändergedankens dadurch erfahren, daß auch in den Handwerkerfachverbänden der Begriff der „baufachlichen Berufsstände" weitere Grenzen anzunehmen beginnt und auch auf die Techniker und Baubeamten ausgedehnt wird. Unter allen Umständen muß bei der Beurteilung der Bewegung des Kartells berücksichtigt werden, daß für eine Vorbereitung und Anbahnung der Gemeinschaftsarbeit zwischen den Baubehörden und den Handwerkerfachverbänden eine berufsständische Treuhändereinrichtung solange die einzig mögliche Form darstellt, als nicht auch auf der Behördenseite das volle Verständnis für die Notwendigkeit der Gemeinschaftsarbeit und der ernste Wille zu einem gemeinschaftlichen Vorgehen bestehen. Um aus unserem Elend herauszukommen, ist es vor allem notwendig, daß überhaupt einmal ein entschlossener Schritt vorwärts getan wird; die bestmögliche Form im einzelnen wird sich ganz von selbst zeigen, wenn nur das große Ziel nicht aus den Augen verloren wird.

Selbstverständlich ist die Einrichtung von Landesverdingungsämtern oder Treuämtern nur dort möglich, wo gut entwickelte und planvoll geleitete Berufsstände vorhanden sind. Schon aus diesem Grunde ist es ausgeschlossen, von heute auf morgen solche Ämter in allen Teilen Deutschlands zu schaffen. Dies wäre aber auch durchaus unzweckmäßig. Denn es ist leicht einzusehen, daß die grundlegenden Vorarbeiten eines Landesverdingungsamtes von allen anderen Landesverdingungsämtern nur noch den besonderen Verhältnissen ihres Landesteils angepaßt zu werden brauchen, daß es daher eine unverantwortliche Vergeudung von Kraft und Geld bedeuten würde, wenn die gleichen Arbeiten an zahlreichen Stellen gleichzeitig in Angriff genommen würden. Auch die Führerfrage spielt eine große Rolle: die bisherige verfehlte Behandlung des Verdingungswesens hat es mit sich gebracht, daß nur sehr wenige wirkliche Sachverständige auf dem Gebiet des Verdingungswesens zu finden sind. Die Neuregelung mit ungeeigneten Männern durchführen zu wollen, wäre aber gleichbedeutend mit einem völligen Mißerfolg.

Aus allen diesen Gründen wird man zweckmäßig den Gedanken der Gemeinschaftsarbeit zunächst dort in die Tat umsetzen, wo die besten Vorbedingungen für einen vollen und raschen Erfolg bestehen, nämlich in Rheinland-Westfalen: hier sind nicht nur das reichste Betätigungsfeld, starker Tatendrang und opferwilliger Wagemut, sondern auch hohe berufssittliche Gedanken und wertvollste Vorarbeiten anzutreffen. Haben dann die Erfahrungen dieses ersten Landesverdingungsamts oder Treuamts die richtigen Formen der Gemeinschaftsarbeit gezeigt und haben sich in seinem Geschäftsbereich geeignete Kräfte die nötige Schulung erworben, dann wird es an der Zeit und ein leichtes sein, den Gedanken auch auf die übrigen Teile des Reichs zu übertragen, zumal dafür die grundlegenden Arbeiten der rheinisch-westfälischen Einrichtung als Grundkapital zur Verfügung stehen.

Schluß.

Am 9. März 1921 hat der Reichstag beschlossen, das Reichsschatz=
ministerium um Einsetzung eines Ausschusses zur Regelung und Verein=
heitlichung des Verdingungswesens im ganzen Reich zu ersuchen. Wenn
das Reichsschatzministerium bei der Besetzung dieses Ausschusses vor
allem die Fehler vermeidet, welche die bisherige Behandlung des Ver=
dingungswesens durch die Staatsbehörden kennzeichnen und so verhäng=
nisvoll für unser ganzes Volk geworden sind: die Aufgabe Männern
anzuvertrauen, denen das persönliche Erleben und das richtige
Verständnis abgeht, oder in oberflächlicher Weise über die Ratschläge
der wirklichen Sachverständigen hinwegzugleiten, dann ist zu hoffen,
daß die ungeheuer wichtige, aber bisher leider so stark unter=
schätzte Verdingungsfrage nun endlich ihre Lösung finden wird.

MIX
Papier aus verantwortungsvollen Quellen
Paper from responsible sources
FSC® C105338

If you have any concerns about our products,
you can contact us on
ProductSafety@springernature.com

In case Publisher is established outside the EU,
the EU authorized representative is:
**Springer Nature Customer Service Center GmbH
Europaplatz 3, 69115 Heidelberg, Germany**

Printed by Libri Plureos GmbH
in Hamburg, Germany